DELICIOUS
CHRYSANTHEMUM

菊之美味

欧式菊花主题花艺设计

赵敏华　陈林　主编

图书在版编目(CIP)数据

菊之"美"味:欧式菊花主题花艺设计/赵敏华,陈林主编.–北京:中国林业出版社,2019.7

ISBN 978-7-5219-0143-6

Ⅰ.①菊… Ⅱ.①赵…②陈… Ⅲ.①花卉装饰—装饰美术—设计
Ⅳ.①J525.12

中国版本图书馆CIP数据核字(2019)第127833号

责任编辑:印 芳
出版发行:中国林业出版社
　　　　　(100009 北京市西城区刘海胡同7号)
电　　话:010-83143565
印　　刷:固安县京平诚乾印刷有限公司
版　　次:2019年7月第1版
印　　次:2019年7月第1次印刷
开　　本:710mm×1000mm 1/16
印　　张:12
字　　数:300千字
定　　价:68.00元

独特的"菊之美味"

太多次被人问这个花这么漂亮，叫什么名字？太多次在为这个花起一个不一样的名字，要让大家把这花和丧葬用的菊花区别开来。今天这本酝酿了长达2年的《菊之"美"味——欧式菊花主题花艺设计》要正式出版了。出版方问我最终书名怎么确定，我坚定地说就叫"菊之美味"吧。没错，这就是菊花，不是别的花，是起源于中国的菊花，是"采菊东篱下，悠然见南山""待到秋来九月八，我花开尽百花杀""宁可枝头抱香死，何曾吹堕北风中"等等所有诗词歌赋中的菊花，是"梅兰竹菊"四君子里的菊花。

带着这花在全国各地参加了无数次花展了，从一开始被当做新、奇、特追捧，成为高端花礼的新宠，到后来和妖娆多姿的进口切花月季、芍药、绣球等花放在一起，总有那么一点点不是一类的感觉。而每次展会最后一天，那些妖娆多姿的花都显得无精打采的时候，我们展位的菊花却总是精神抖擞地坚挺着，仿佛在向前来淘花的观众说：看我，最值得你选择了。

这十多年来，也常常会被问到，这花该怎么使用？这本欧式菊花花艺设计集锦，告诉你在欧洲、在俄罗斯、在美国、在日本，这花就是这么被使用的，所有和花相关的场景，当你想表达田园自然风时，菊花无处不在。而你所能用的花色、花型和所能搭配的花材，她就是这么丰富；最关键的是，她的"美"味能够长长久久，总是透着那么一股坚强、不服输、不随波逐流、不矫揉造作，独特的高风亮节的品格。菊如此，爱菊的人，又何尝不是呢？

2019.7

目录
CONTENTS

011
— Chapter 1 —
橙色、黄色
Orange & Yellow

057
— Chapter 2 —
绿色
Green

083
— Chapter 3 —
白色
White

127
– Chapter 4 –

粉色

Pink

159
– Chapter 5 –

紫色

Purple

173
– Chapter 6 –

红色

Red

Anastasia Sunny
黄安娜
▶ 012、013、031、039、
　044、046

Rossano Yellow
罗斯安娜黄
▶ 049

Rossano Dark Orange
罗斯安娜深桔
▶ 016

Rossano Orange
罗斯安娜桔
▶ 024

Baltica Salmon
香槟提卡
▶ 021、048

Pancras
潘克拉斯
▶ 026、027

Baltica Yellow
黄提卡
▶ 053、054、055

Copa
复制
▶ 032

Dante Yellow
黄丹特
▶ 042

Deliflame
火焰
▶ 014

Fiebre feb
二月五
▶ 050

Florange Dark
深桔星
▶ 014

Florange Yellow
金星
▶ 040、041

Appetit Juni
法院
▶ 017、033

Limoncello
柠檬酒
▶ 036、038、045

Ranomi
雷诺米
▶ 051

Canario
卡里索
▶ 037

Florange
桔星
▶ 035、125

Paladov Dark
帕拉都深桔
▶ 018

Paladov Sunny
帕拉都黄
▶ 028

Palette
色调
▶ 022、025

Pip Sunny
皮普黄
▶ 015

Baltica Cream
奶黄提卡
▶ 029、047

Radost Yellow
瑞多斯特黄
▶ 034

Roma Festa
罗马假日
▶ 035、043

Varese
瓦雷泽
▶ 019、187

Zembla Cream
奶黄天赞
▶ 052

Zembla Sunny
黄天赞
▶ 030

Anastasia Bronze
棕安娜
▶ 023

Anastasia Dark Lime
浅绿安娜
▶ 064、074

Hestia Star
赫斯蒂斯塔
▶ 068

Celtic
凯尔特
▶ 060、066、067、071、080

Sardena
萨蒂娜
▶ 102

Anastasia Green
绿安娜
▶ 058、062、063、077

Olive
绿橄榄
▶ 035

Marimo
马里莫
▶ 073

Quebec
魁北克
▶ 072、079

Rhythm
节奏
▶ 059、069

Sombrella
桑波拉
▶ 078、081

Zembla Lime
淡绿天赞
▶ 061、065、070

Radost
瑞多斯特白
▶ 090、097

Coconut
椰子
▶ 091、107

Amira
阿米拉
▶ 086、123

Etrusko White
伊特斯科白
▶ 109

Zembla
赞布拉
▶ 088

Vivo
步步高
▶ 087、095

Bonbon Pearl
奶白乒乓
▶ 118

Himalaya
喜马拉雅
▶ 113、114

Magnum
梦龙
▶ 098、099、100、104、110、121

Meribel
美丽贝尔
▶ 101

Falcon
福尔肯
▶ 089

Rocca
洛卡
▶ 084、116

Sheik
谢克
▶ 120

Yin Yang
阴阳
▶ 035、085、106、112、125

Cologne
克隆香水
▶ 124

Anastasia
白安娜
▶ 092、093、103、115

Aristotle
亚里士多德
▶ 122

Fortune
财富
▶ 105

Gagarin jan
加加林
▶ 097、119

Salma
萨尔玛
▶ 108

Baltica
白提卡
▶ 075

Dudoc
多达
▶ 094、111、117

Rossano Charlotte
罗斯安娜粉绿
▶ 144、150

Cupcake
纸杯蛋糕
▶ 138、152、155

Etrusko
伊特斯科
▶ 145、146

Lisboa Dark
里斯本深
▶ 161

Lorain
洛兰
▶ 147

Lesia
莱娅公主
▶ 128

Pinkyrock
粉妍
▶ 133、139、149、154

Pip Pretty
皮普漂亮
▶ 129

Pip Salmon
皮普橙
▶ 142、151

Baltica Pink
粉提卡
▶ 136

Rossano
罗丝安娜
▶ 139、148、154

Serenity
宁静
▶ 140、153

Stellini
领英
▶ 135、160、170

Stresa
斯特雷
▶ 134

VIP
贵宾
▶ 137

Alamos
阿拉莫斯
▶ 162、166

Anastasia Star pink
星粉安娜
▶ 131

Baltazar Intense
巴尔塔萨热烈
▶ 130、163

Belicia Pink
贝蕾丝粉
▶ 132、141、143

Baltazar
巴尔塔萨
▶ 156、157

Carice
卡里切
▶ 148

Roma Red
罗马假日红
▶ 188

Haiku
海枯
▶ 180

Barca Splendid
巴卡紫
▶ 163、164、165、171

Arbat
阿尔巴特
▶ 168

Stresa Purple
斯特雷紫
▶ 167

Intenze Purple
银单丝紫
▶ 169

Pimento
普利民特
▶ 178、179

Barca Red
巴卡红
▶ 174、175、176、177、182、189

Moretti
莫奈
▶ 183

Managua
马拉瓜
▶ 181、186

Pantheon
万神殿
▶ 184

Desire
愿望
▶ 185

– Chapter 1 –

橙色、黄色

Orange & Yellow

橙色，融合了红色和黄色
没有那么耀眼，但是引人注目
与明黄搭配，亦是悦动
与酒红搭配，便是深沉
橙色代表着繁荣和骄傲，意味着力量和荣耀

辅助花材 *Adjunct flowers*
黄色嘉兰、轮蜂菊、商陆

Design 001　悦

选用手工编织的花篮搭配黄色嘉兰与黄色'黄安娜'菊花，灵动的设计运用了轮风菊这个活泼的元素。

菊花品种 / Anastasia Sunny（黄安娜）

辅助花材 *Adjunct flowers*
黄切花月季、豆荚

Design 002 收获

花艺师用木条制作的架构，尽显精细的手工。配合黄色菊花'黄安娜'，黄切花月季与可爱的豆荚，完成了这个极具艺术性的花艺作品。

菊花品种 / Anastasia Sunny（黄安娜）

Design 003　秋日焰火

古典的半球形设计，使用的色彩很适合秋天这个主题。

辅助花材 *Adajunct flowers*

切花月季、马蹄莲

叶材 *Other*

秋色尤加利带果实、熊猫竹、文竹

菊花品种 / Florange Dark（深桔星）、Deliflame（火焰）

Design 004　阳光皮普万圣节

兰花气生根制作的架构为整个手绑花束设计增色不少,其中加入的白色迷你南瓜设计元素更为作品增添活泼气氛,桔色菊花'皮普黄'与南瓜的融合很适合万圣节这个特殊日子的庆祝。

辅助花材 /Adjacent flowers
兰花气根、小西瓜藤、白色小南瓜

菊花品种 /Pip Sunny(皮普黄)

Design 005 思绪

用拉菲草把花材包裹起来，形成迷你小花束的样子，再将多个一样的小花束集合成半圆形的花束，使作品的层次更加丰富，避免单支花头体积大产生死板的感觉。很有趣味的设计，适合居家摆放。

辅助花材 *Adjunct flowers*
小绿掌、马蹄莲

叶材 *Other*
绿色茴芋

菊花品种 / Rossano Dark Orange（罗斯安娜深桔）

| Design |
| 006 | 泉之石

从'法院'这款菊花中可以提取出棕色、酒红色、姜黄色、桔色、黄色等等，干枯的稻草也包含了这些颜色，用铁丝把稻草扎紧塑形，再用金色铁丝缠绕进行装饰，做成架构，从色彩上呼应了菊花上的颜色。石头质感花器又与稻草一起增强了自然感，对于带有艺术氛围的空间非常适用。

辅助花材 *Adjunct flowers*
月季果

菊花品种 / Appetit Juni（法院）

| Design 007 | 夕途

白色纸藤做成不规则圆圈的架构，从颜色上呼应了花器的灰白色，从形态上强调了桔色乒乓菊的球型，鸡冠花和非洲菊丰富了整个作品的层次和颜色。巧妙的架构也可以让摆放空间增加一些艺术感，因此摆放在高档酒店或者是艺术场馆都是不错的选择。

辅助花材 *Adjacent flowers*
鸡冠花、非洲菊

菊花品种 / Paladov Dark（帕拉都深桔）

金瓶秋光

花艺社运用一组具有艺术设计的玻璃花瓶组合,展示出高级花材宫灯百合的灵动性,桔色系切花月季,小菊花'瓦雷泽'形成各种不同大小比例的小花束分别陈列在各花瓶里。作品可用于小环境的美陈装饰。

辅助花材 *Adjunct flowers*
宫灯百合、马利筋

Pose

Design 009

大家一起来"茄子",来个美美的自拍照。

辅助花材 *Adajunct flowers*
姜荷花、蔷薇果

菊花品种 / Varses(瓦雷泽)

Design 010　金雕玉砌

　　圆柱形的设计是源于花瓶的原型，作品是器皿的一个延伸，此作品选取花泥作为设计基础，使用浅桔色菊花'香槟提卡'做基底，搭配小西瓜这个绿色带天然纹路的果实作为点缀，质感细腻而丰富。

辅助花材 *Adjunct flowers*
小西瓜、非洲菊

秋聚

花艺师选择绿色的火龙珠呼应多头菊色调柠檬绿色的花芯,而且填充了花材间的空隙。刺芹和虎皮兰制造出作品的层次,衔接了花材与花器间的空隙,并且带有自然的气息。整齐的分布,自然的质感,让这款作品适合摆放在家中或是酒店中。

辅助花材 *Adjunct flowers*
火龙珠

叶材 *Other*
虎皮兰

| Design 012 | 秋之舞动

柔软的枯藤编织的架构为玻璃试管提供了良好的固定基础，桔色的单头品种'棕安娜'与黄色的黄金球互相在结构中舞动，龙文兰的圆滑线条加入增加了作品的副空间感。

辅助花材 *Adjunct flowers*
黄金球

叶材 *Other*
龙文兰

菊花品种 / Anastasia Bronze（棕安娜）

宫阙红颜

绿色柔软的龙文兰是编织设计的很常用的叶材，花艺师在这个作品中的基底设计选用了编织技巧。

辅助花材 *Adjunct flowers*
宫灯百合、红掌

叶材 *Other*
纤枝稷、龙文兰

菊花品种 / Rossano Orange（罗斯安娜桔）

Design 014 秋意

　　多头菊'色调'花朵上的色彩十分丰富，包含了黄色、酒红色、柠檬绿、绿色、棕色……花艺师选择了黑褐色朱蕉叶、棕色火龙珠、花叶黄杨、酒红色变叶木来呼应这些颜色。银色的文竹引出了经典的带花纹的玻璃花器。小巧精致、配色优雅的设计，很适合放在酒店房间中使用。

辅助花材 *Adjunct flowers*
红色火龙珠

叶材 *Other*
黄栌叶、海桐叶、银色文竹、黑色朱蕉叶

秋色舞鞋

这样的水晶高跟鞋,谁都喜欢。

菊花品种 / Pancras(潘克拉斯)

Design 016 美味诱惑

青口贝壳与桔色'潘克拉斯'的结合散发出美味的本色,绿色的菊花花瓣的点缀更添几分诱惑力。

辅助花材 *Adjunct flowers*
'绿安娜'花瓣

菊花品种 / Pancras(潘克拉斯)

Design 017 温暖

乒乓菊'帕拉都黄'颜色与蝴蝶兰的底色相似,都为姜黄色。绿色的羊毛毡围出的架构显得温暖又不失可爱。带花的西番莲藤的加入更是增加了作品的线条感和高级感。一款精致的小作品很适合摆放在餐厅的餐桌或是用于小型宴会中。

辅助花材 *Adjunct flowers*
蝴蝶兰、西番莲

Design 018 提卡之温柔

花艺师通过缠绕、捆绑将细藤条做出了装饰性纹路,形成了简单的架构。'奶黄提卡'和绿色台湾藜、唐棉搭配出柔和自然的颜色。会所或是艺术场馆等带有艺术文化氛围的场地,都很适合摆放这款作品。

辅助花材 *Adujunct flowers*
唐棉

叶材 *Other*
台湾藜

菊花品种 / Baltica Cream(奶黄提卡)

Design 019 主角

单头菊'黄天赞'花多饱满,花瓣层次丰富,花艺师选择木绣球、刺芹、荨莫和带果的桉树叶来搭配,充满了浪漫的自然气息,很适合摆放在家中或者是用于自然风格的宴会中使用。

辅助花材 *Adjunct flowers*
木绣球、刺芹

叶材 *Other*
荨莫、桉树叶

菊花品种 / Zembla Sunny(黄天赞)

Design 020　包融

　　玻璃瓶被水烛草包裹着，成为一款夏日设计的新颖设计，花艺师放置单朵花色'黄安娜'同色系的咖喱花，绿色树莓与银扇，整个桌花与餐台设计融为一体。

辅助花材 *Adajunct flowers*
咖喱花、树莓、银扇

叶材 *Other*
水烛叶

菊花品种 / Anastasia Sunny（黄安娜）

万圣餐桌

Design 021

　　黄色菊花'复制'制作成的花球造型与南瓜、棕榈果组成了餐桌上的一道风景，绿色的花心与南瓜的色彩互相呼应。设计师的小心思，运用在了选材之上。

辅助花材 *Adjunct flowers*

棕榈果实

Design 022 悬动

绿色红瑞木的架构设计为整个作品增加了高度和悬空感。红色的嘉兰和桔色的'法院'与其他花材一起被安排在架构里面，通过玻璃试管进行供水保养。

辅助花材 *Adjunct flowers*
宫灯百合、红色嘉兰

叶材 *Other*
百香果藤、绿色红瑞木

菊花品种 / Appetit Juni（法院）i

Design 023　成熟

柔软的枯藤在铝线的缠绕下变成柔美的曲线造型架构，搭配方形现代的器皿，使整个作品极富艺术观赏性。十分适合商业环境的美陈装饰。

辅助花材 *Adjunct flowers*
酸浆果、蔷薇果

Design 024　舞衣

花艺师为模特设计的超短裙,适合参加夏日各种嘉年华活动。作品使用黏贴技巧创作,不同颜色大小的菊花在设计师的安排下变成了一件时尚装。

菊花品种/Olive(绿橄榄)、Roma Festa(罗马假日)、Florange(桔星)、Yin Yang(阴阳)

夏日鸡尾酒
<small>Design 025</small>

来一杯夏日鸡尾酒吧,黄色'柠檬酒'装饰的酒瓶太可爱。

Design 026 焦糖布丁

菊花布丁味道如何,你愿意尝试吗?西式餐桌的摆盘又有了大胆的尝试。

菊花品种 / Canario(卡里索)

Design 027　童趣

'柠檬酒'在花艺师的巧手之下又化身卡通笑脸，俏皮可爱，非常适合儿童节或亲子花艺沙龙。

菊花品种 / Limoncello（柠檬酒）

Design 028 海滩派对

夏日的海滩需要缤纷的装饰,鸡尾酒造型的摆台设计,天蓝色托盆更添海滩的风情。红色凤梨成为吸引眼球的主角。

辅助花材 *Adujunct flowers*
荷包牡丹、宫灯百合、红凤梨、悬钩子

叶材 *Other*
纤枝稷

菊花品种 / Anastasia Sunny(黄安娜)

Design 029 典雅

组群式的设计被搭配上复古的花瓶,现代与古典的融合。

辅助花材 *Adjunct flowers*
铁炮百合、迷你非洲菊

叶材 *Other*
一叶兰、干树枝

菊花品种 / Florange Yellow（金星）

Design 030 燕之舞

蓝色小飞燕草在黄色的'金星'丛中飞舞,组合式的瓶花设计适合多场景的使用。

辅助花材 *Adajunct flowers*
蓝色小飞燕、羽衣草

菊花品种 / Florange Yellow（金星）

Design 031 融和

一款适合夏日炎炎的瓶花设计，绿色的须苞石竹与花瓶融为一体，柔软的新菖蒲叶在花朵上面转圈圈，增添了作品的律动感。

辅助花材 *Adujunct flowers*
白色百子莲、马蹄莲、须苞石竹

叶材 *Other*
一叶兰、千树枝

Design 032　罗马假日

　　磨砂玻璃的花器十分高级，玉兰枝做出的结构，凸显了自然的质感，又方便固定花材。加上精致而又颜色独特的多头菊'罗马假日'，很是引人注意。非常适合用来提亮家中的色彩，给家中添加一丝温暖的感觉。

辅助花材 *Adjunct flowers*
玉兰、贝壳草

叶材 *Other*
朱蕉叶

Design 033　迷之典雅

夕雾草、银莲花、非洲菊、蝴蝶兰组成的紫色渐变和'黄安娜'纯正的黄色形成对比配色，很是引人注目。其中蝴蝶兰的加入增加了作品的高级感。强烈的对比色，很适合商业活动或是艺术氛围的场地。

辅助花材 *Adujunct flowers*
非洲菊、夕雾草、银莲花、蝴蝶兰

菊花品种 / Anastasia Sunny（黄安娜）

Design 034 奔放

多头菊柠檬酒的柠檬黄色搭配黄色切花月季和黄绿色木百合、小米与蕨莫，好像田园中采摘的花材组合在一起，充满自然的气息。与黑色的花器搭配，显得十分大气，很适合用于小型宴会或放在商业店铺中。

辅助花材 *Adujunct flowers*
切花月季、木百合

叶材 *Other*
橡树叶、蕨莫、一叶兰、小米

菊花品种 / Limoncello（柠檬酒）

羽衣

'黄安娜'的色泽鲜亮,花瓣层次丰富,加入粉色黄色的复色切花月季,即呼应了色彩,又丰富了作品整体的颜色,高山刺芹在形态上呼应了'黄安娜'的针瓣,还填补了花材间的空隙。简单的玻璃花器经过金色梦幻纸的包裹,提高了档次。简单的花材,不一般的设计,用在宴会中可以很好地烘托气氛。

辅助花材 *Adujunct flowers*
切花月季、刺芹

花中花

手工制作的架构花器,让整个作品显得非常精细而带有艺术感,将'奶黄提卡'简单地平铺在花器中,都可以衬托出淡雅的奶黄色,花艺师又选用了棕黄色的松果菊以及绿色的火龙珠来丰富整个作品的色彩层次。造型独特的架构花艺设计非常适合用于艺术场馆或是进行花艺表演来使用。

辅助花材 *Adjunct flowers*
松果菊、火龙珠

Design 037 | 秋野

'香槟提卡'可以很"淑女",也可以很野趣,主要看她的小伙伴是谁。

辅助花材 *Adujunct flowers*
红色狗尾草

菊花品种 / Baltica Salmon（香槟提卡）

Design 038　圈不住的美

花艺师用干枯的树根与圆木棒构建出的架构，既扩大了花器本身的空间范围，又为作品营造了通透感，只用了'罗斯安娜黄'这一种花材，让作品简洁又有力度。简单又富有设计感的作品，无论是摆放在酒店或是家中都可以提升空间的艺术氛围。

辅助花材 *Adjunct flowers*
春兰叶

菊花品种 / Rossano Yellow（罗斯安娜黄）

Design 039　梦之岛

黄色菊花'二月五',花型饱满,搭配黑色船型花器,色彩对比强烈。花艺师选择用干枯的树枝搭建架构,即柔化了色彩对比,又巧妙的让空间更为通透。带有一定造型感的架构花艺设计,适合放在带有艺术感的空间内。

辅助花材 *Adjunct flowers*
火龙珠

叶材 *Other*
文竹

Design 040　轻柔之舞

多头菊'雷诺米'黄色给人满满的春天气息，加上木绣球的浅绿色，更是生机勃勃。春兰叶营造出的线条感，让作品增加了流动性和通透感。这款设计非常适合摆放在家中，带来满满的生机感。

辅助花材 *Adjunct flowers*
木绣球、白色新娘扫帚花

叶材 *Other*
春兰叶

菊花品种 / Ranomi（雷诺米）

Design 041 清凉一夏

　　花艺师选择日常用的玻璃盘和红酒杯来做花器，只是简单的将每个酒杯中放入一朵白'奶黄天赞'，再用小西瓜藤盘绕了作品营造线条感。整个作品通透而富有艺术感，简单的制作却有意想不到的效果，很适合用于酒会或者是小型宴会来使用。

辅助花材 *Adjunct flowers*
小西瓜藤

菊花品种 / Zembla Cream（奶黄天赞）

Design 042　芳菲

一对精致的陶瓷罐子化身美丽的容器,承载着以组群式出现的'黄提卡'花材,杨梅枝的出现令作品提升了活力。小西瓜藤的色彩与瓷罐上的花纹正好呼应。

辅助花材 *Adjunct flowers*
白切花月季、黄色针垫花、杨梅、绿色火龙珠

叶材 *Other*
小西瓜、文竹

菊花品种 / Baltica Yellow（黄提卡）

辅助花材 *Adjunct flowers*
绣球、嘉兰

Design 043　孪生花

　　看似简单的绿色玻璃花器，但花艺师选择了超比例的设计来让整个作品不简单。'黄提卡'整齐地排列出超比例的柱形，而同色系的黄色嘉兰给作品带来灵动性，黄色的细藤芯增加了流动的线条，整个作品非常有艺术感。超比例艺术感的作品很适合用做展示，因此可以摆放在艺术场馆或是酒店中。

Design 044　正值芳华

柠檬黄色的多头菊'黄提卡'搭配姜黄色的向日葵和黄色的六出花，组成黄色系的渐变。微微带红色的尤加利叶为作品添加了一丝秋意，搭配蓝色的陶质花器，给人以油画般的质感。非常适合在秋天时节使用。

辅助花材 *Adjunct flowers*

向日葵、六出花

叶材 *Other*

桉树叶、春兰叶

菊花品种 / Baltica Yellow（黄提卡）

– Chapter 2 –

绿色
Green

绿色是各种植物中都含有的颜色
尤其在叶材中
而在花艺设计中,绿色往往容易被忽略
其实绿色在花艺设计中占有很重要的位置
不同层次的绿色在使用时往往会有不同的效果
菊花的绿色与叶材相比
在质感上有自己独特的地方
其颜色有嫩绿、墨绿等

绿荫

Design 045

'绿安娜'与切花月季、木绣球在作品中成块状出现，小盼草作为点状花材拉伸出了作品的层次。用龟背叶作为花束的结束，增加了花束的自然感。花器的选择上也选择了同色系的浅绿色，整个作品运用了深浅不一的多种绿色来打造层次，可以增加家中清新自然的感觉。如果用在自然风格的宴会中，也会很引人注目。

辅助花材 *Adjunct flowers*
切花月季、木绣球

叶材 *Other*
龟背叶、小盼草、天门冬、春兰叶

菊花品种 / Anastasia Dark Green（绿安娜）

Design 046　宁夏

黄绿色的混合搭配让米白色的切花月季更凸显，合理的色彩搭配是设计的基本。

辅助花材 *Adajunct flowers*
白切花月季、黄莺、黄袋鼠爪

菊花品种 / Rhythm（节奏）

Design 047　空中花园

作为可以用作餐厅餐台的装置，运用了强烈的红绿对比，可以吸引客人注意，绿橄榄平铺出来的大面积绿色为作品的主色，弱化了红色的强烈。在花器的选择上，选择了多层蛋糕盘，也呼应了餐厅整个主题。

辅助花材 *Adjunct flowers*

非洲菊、凤梨花、公主花、绒毛饰球花

叶材 *Other*

银河叶、苔藓

菊花品种 / Celtic（凯尔特）

Design 048 绿野仙踪

一款沁透着夏日清凉的古典造型桌花，薜荔的跳动让作品更活泼。

辅助花材 *Adjunct flowers*
白切花月季、白穗花婆婆纳

叶材 *Other*
薜荔

菊花品种 / Zembla Lime（淡绿天赞）

Design 049　王者

设计师使用了花泥作为整个作品的基础，圆柱形的设计铺满了'绿安娜'，顶部使用一棵空气凤梨作为焦点。空气凤梨灰色的颜色与花盆的颜色恰好呼应。

辅助花材 *Adjunct flowers*

空气凤梨'霸王'

Design 050　仲夏

朝鲜蓟这个特殊的花材成为整个作品的焦点，自然系的盆花设计与放置的环境十分和谐。

辅助花材 *Adujunct flowers*
朝鲜蓟

叶材 *Other*
纤枝稷、木切花月季藤、海棠叶

菊花品种 / Anastasia Green（绿安娜）

争春

大胆的红绿色对比，因为'淡绿安娜'的加入和用色比例的不同而减缓了这两种色彩产生的强烈冲突。红、白、绿三色遵循了黄金比例来分配，让作品很协调。

辅助花材 *Adjunct flowers*
切花月季、嘉兰

叶材 *Other*
春兰叶、叶上黄金

菊花品种 / Anastasia Dark Lime（浅绿安娜）

辅助花材 *Adjunct flowers*
白色孤挺花、木绣球、绣球、绿掌

叶材 *Other*
春兰叶

Design 052　雅

用蓝绿色的绣球作为花艺作品的基础，可以发现花器上的颜色都可以在绣球上找到，进而从绣球的颜色又可以提取到其他花材的颜色，很好地过度了作品中的大面积白色和花器上的蓝绿色，使整个作品非常精致典雅。

菊花品种 / Zembla Lime（淡绿天赞）

Design 053　乐章

一首美妙的乐章。

Design 054　足球

'凯尔特'球型花泥的运用,成为足球场上的一道风景。

$\begin{matrix} Design \\ 055 \end{matrix}$ 约定

参加舞会怎能缺少一个特别的装饰,一朵小菊为你的指尖增分。

叶材 *Other*

百香果藤

菊花品种 / Celtic（凯尔特） **067**

辅助花材 *Adjunct flowers*
切花月季
叶材 *Other*
阿罗汉草

Design 056　野餐

　　干枯的向日葵茎排列组合在一起，给人以粗犷的感觉，花艺师巧妙的利用了花茎中空这一特点来设计出了这一架构。切花月季作为第一层的花材，衬托出'赫斯蒂斯塔'优美的花型，选择干枯的小米填充了中间层次，并且在颜色上与架构相呼应。家居摆放、店铺陈列、艺术空间都可以摆放这一作品。

Design 057　在云端

银色的文竹给人以缥缈梦幻的感觉，加上白色切花月季和'节奏'搭配出的组合，非常有趣味感，与湖蓝色的花器在颜色上协调一致，很适用于多个重复出现，一些小型的宴会或者婚礼中都可以选择这个作品。

辅助花材 Adjunct flowers
切花月季、康乃馨

叶材 Other
文竹

Design 058 浮华

从自然中取材的木头,做成架构底座,上面用淡绿安娜排列出环形,最后加以藤条勾勒线条。没有复杂的材料和工艺,但是整个作品给人带来天然质朴的感觉。

辅助花材 *Adjunct flowers*
切花月季、嘉兰

叶材 *Other*
银丝茉莉

菊花品种 / Zembla Lime(淡绿天赞)

Design 059 彼得之塔

辅助花材 *Adjunct flowers*
粉色落新妇、粉色火龙珠、贝壳花

菊花品种 / Celtic（凯尔特）

Design 060 绿茵

绿色小菊花就像绿油油的草地,圆圆的木百合果实分散在上。尖尖的尤加利果打破了平静的局面。绿色的茵芋是一起回归和谐。

辅助花材 *Adjunct flowers*

木百合果、尤加利果、绿色茵芋

Design 061 马里奥花球

'马里奥'做成的花球，鹿角蕨的叶子，黑色陶质的盘子，看似不搭的几件事物，但是通过色彩的反衬和比例的搭配，反而让这件作品很有设计感。餐厅或是小型宴会都可以来选择这个作品而提升设计感。

辅助花材 *Adjunct flowers*
切花月季

叶材 *Other*
阿罗汉草

Design 062　夏日礼帽

时尚的帽子粘贴上绿色系的菊花和白色的小菊花，为夏日更添一分清凉。

菊花品种 / Anastasia Dark Lime（浅绿安娜）

Design 063 王者归来

直立造型的花束设计，选用了白绿色这个主基调，收尾使用小熊草增加了作品的空间感。花束下半段使用了白色丝带与毛绒布做了装饰处理，增加了作品的舒适感。

辅助花材 *Adujunct flowers*
葱花、铁炮百合、白色洋桔梗

叶材 *Other*
小熊草

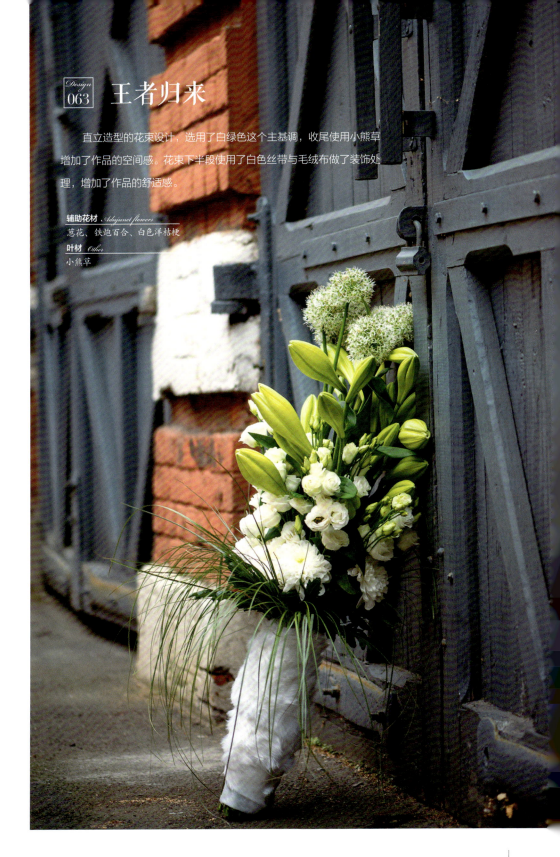

菊花品种 / Baltica（白提卡）

_{Design}
064 凉夏

纯绿色瓶花设计将在铁炮百合开放的一刻变身。一款会变色的设计,大家一起期待吧!

辅助花材 *Adujunct flowers*

铁炮百合、贝壳花

叶材 *Other*

春兰叶

菊花品种 / Anastasia Dark Green（绿安娜）

冬之浪漫
Design 065

环状设计的架构由金属架子支撑并做了垂吊的设计，这个圣诞节的造型放置在现代装饰的空间里，得到了主人的喜爱。

辅助花材 *Adjunct flowers*
松果

叶材 *Other*
文竹

菊花品种 / Zembla Lime（淡绿天赞）

Design 066 北极光

古典的设计里面怎能缺少白色蝴蝶兰这个高贵的花儿,只有独特的'桑波拉'才能与之媲美。

辅助花材 *Adajunct flowers*

白色蝴蝶兰、白色百合、木绣球

叶材 *Other*

蕨叶蓝星、文竹

菊花品种 / Sombrella（桑波拉）

Design 067　海之绿精灵

　　花器上的独特纹理，被设计师作为了设计灵感。一个个凹纹与作品中绿色的小菊'魁北克'的花形态大小相似。而木绣球、康乃馨、鹿角蕨等花材和叶材，又从颜色和层次上突出了设计理念。

辅助花材 *Adjunct flowers*
康乃馨、木绣球、银色珊瑚果

叶材 *Other*
鹿角蕨

菊花品种 / Quebec（魁北克）

Design 068　一生的约定

用'凯尔特'做成的戒指枕，见证我们一生的约定。

Design 069 火红与冰雪

红色的嘉兰与粉色系的公主花和花器上图纹正好呼应,这款设计你喜欢吗?

辅助花材 *Adjunct flowers*
红色嘉兰、帝王花、红色十字花、绿绣球

菊花品种 / Sombrella(桑波拉)

— Chapter 3 —
白色
White

白色是无色相的颜色，是光谱中所有颜色的混合
白色与黑色是调和不出来的颜色
白色代表了纯洁、干净、严肃
是婚礼中最常用的颜色，是北欧风常见的颜色
在花艺设计中，白色是明显的颜色
无论与任何颜色的花材搭配，白色花材都是视觉焦点
白色与绿色搭配，清新自然
白色与粉色搭配，温柔浪漫
白色与黑色搭配，个性十足

Design 070　雅集

'洛卡'的花芯微微带有黄绿色，花叶海桐和木百合都是这种黄绿色的叶材，搭配在一起非常融洽。作品中的珊瑚果又与灰色花器的凸起相吻合。看似简单的设计，其实内容丰富。

辅助花材 *Adujunct flowers*
木百合、绣球、绒毛饰球花

Design 071　烂漫夏天

白色花器搭配桌子上黑色的石子，呼应了作品中多头菊阴阳的颜色。为了增强花材的层次感，设计师又选用了天鹅绒、蕾丝、排草、文竹等花材叶材与之搭配，更是别出心裁的将文竹喷成黑色来增强效果。非常适合带有个性的店铺来摆放。

辅助花材 *Adjunct flowers*

天鹅绒、蕾丝

叶材 *Other*

文竹、排草

菊花品种 / Yin Yang（阴阳）

Design 072　阿米拉的气质

造型精致的银色花器加上白色的'阿米拉'菊花，给人以高贵圣洁的感觉，而满天星又增加了浪漫的感觉。作品整体造型非常优雅，非常适合用于婚礼，如果摆放在高档珠宝店铺也可以很贴合设计。

辅助花材 *Adajunct flowers*
满天星

Design 073　成全

略显单调的白色船型花器在加了银色藤球做的结构后变得空间非常通透。奶油色的切花月季、白色的非洲菊、绿色的春兰叶都从色彩上呼应了多头菊'步步高'的颜色。无论是家居、摆放、店铺陈列、酒店台花等等都可以选用这个设计。

辅助花材 Adjunct flowers

切花月季、非洲菊

叶材 Other

春兰叶

菊花品种 / Vivo（步步高）

Design 074 雪

麻绳、原木片、玻璃花器都给人一种很质朴的感觉,因此花艺师选择了用白色梨花枝、小盼草和纤枝稷来给作品又增添了一分浪漫,加上主花材菊花'赞布拉',带出了一分精心打造的美式田园风格。无论是美式的婚礼宴会或是日常家中摆放都可选用。

辅助花材 *Adjunct flowers*
切花月季、丁香

菊花品种 / Zembla(赞布拉)

Design 075 星之碎片

不同设计的复古玻璃瓶被组合在一个银色托盘上,白色的鲜花展现出一股冬日的浪漫气氛。

辅助花材 Adjunct flowers
白色百子莲、大阿米芹、满天星

菊花品种/Falcon(福尔肯)

Design 076 牵你的手

在这个华丽的仪式里面，新娘需要一个完美的手腕花。丝带的下垂设计加入了小菊花作为点缀。冷胶水的粘贴技巧被运用在设计里。

辅助花材 *Adjunct flowers*

须苞石竹、藤蔓

Design 077　格兰多的夏日

辅助花材 *Adajanet flowers*
木绣球、绿色洋桔梗

叶材 *Other*
尤加利、天门冬、海桐叶

Design 078 爱慕

这款独特的手捧花设计,新娘怎能不爱,纯白加银灰加上珍珠的装饰,高贵到不行。

辅助花材 *Adajunct flowers*
空气凤梨'霸王'

菊花品种 / Anastasia(白安娜)

Design 079 权杖

捧花还可以这样设计,茎干部分使用黑色朱蕉叶包裹加以珠针固定。

辅助花材 *Adjunct flowers*
木绣球
叶材 *Other*
黑色朱蕉叶

菊花品种 / Anastasia(白安娜)

Design 080 摇滚

耳机也可以有鲜花装饰,帅!

菊花品种 / Dudoc(多达)

Design 082 慕斯

长条形桌花可以选用这样的排列设计增添乐趣。

辅助花材 *Adjunct flowers*
秋色绣球、白色石蒜、白切花月季

叶材 *Other*
银河叶

菊花品种 / Gagarin Jan（加加林）

Design 083　清新的早晨

　　白色的'瑞多斯特'的黄绿色花芯给人以清新有活力的感觉，花艺师选择了木绣球与金鱼草来呼应。绵毛水苏绒绒的质感又给整个设计带来一丝独特的感觉。清新又带有生机感的作品是很适合家中摆放的。

辅助花材 *Adjunct flowers*

木绣球、金鱼草

叶材 *Other*

绵毛水苏

菊花品种 / Radost（瑞多斯特白）

辅助花材 *Adjunct flowers*
唐棉

叶材 *Other*
蒲葵

Design 084　梦龙之舞

撕开的剑麻叶起到了固定单头菊'梦龙'的作用，并且弯折之后也丰富了作品的线条，不再只是单一的直线条。单头菊'梦龙'的华丽和金色花器的质感相呼应。如此华丽的设计即可单独使用，例如当做餐厅的餐桌花，或是群组使用，用于宴会中。

Design
085

合影

花艺师利用大鸟叶、竹签、蜂轮菊制作出了独特的架构,使作品的细节非常丰富。而复杂的架构之上是简单排列的白色单头菊'梦龙',反而凸显了独特的气质。磨砂质感的花器也显得十分高档。适用于摆放在有设计感的空间。

辅助花材 *Adjunct flowers*
蜂轮菊

叶材 *Other*
天堂鸟叶

菊花品种 / Magnum(梦龙) **099**

$\begin{smallmatrix} Design \\ 086 \end{smallmatrix}$ 焦点

　　花艺师用麻丝将单头菊'梦龙'每一枝都包裹起来,然后再扎在一起形成一个花束,巧妙的用很少量的花材做出了大体量感的花束。而白色新娘扫帚花填补了花束中的空隙,同时也和春兰叶一起增强了花束的线条感。独特的设计既可以用作新娘手捧,也可以简单用麻丝装饰花器后,放置在桌上当做桌花使用。

辅助花材 *Adjunct flowers*
白色新娘扫帚花

菊花品种 / Magnum（梦龙）

星星点灯

白绿色多头菊'美丽贝尔'显得活泼可爱，搭配灰绿色的澳洲郁金香，花艺师选用了同色系的桉树叶，色调十分高级。白色陶质花器上棕色纹路和整体色调十分协调，很适合摆放在家中调节环境。

辅助花材 *Adjunct flowers*
木百合、茴芋

叶材 *Other*
桉树叶

菊花品种 / Meribel（美丽贝尔）

Design 088 爱诺

一款极具设计感的捧花,兰花气根贯穿在整个设计里面。

辅助花材 *Adajunct flowers*

宫灯百合、兰花气根

叶材 *Other*

龙文兰

菊花品种 / Sardena（萨蒂娜）

 寒雪

冬天的设计就是这么有个性又带点温柔。

辅助花材 *Adujunct flowers*
英迷果、蕾丝、黑种草

蒲公英

蒲公英造型的架构漂浮在白色奢华的底座上,舞动的文竹增加了漂浮的感觉。

辅助花材 *Adajunct flowers*
切花月季、文竹、红色荚米果、钢草

Design 091 归巢

木块和多肉搭建的架构十分独特,并且扩展了花器的空间,即便花茎较高的多头菊'财富'和天鹅绒放在里面,花器也不会翻倒。加入钢草更加强化了整个作品的线条感。这样独特的设计用来装饰带有艺术气息的空间。

辅助花材 *Adjunct flowers*
天鹅绒、多肉植物

叶材 *Other*
钢草

Design 092　个性新娘

多头菊'阴阳'因其花朵的黑白双色而十分特别。设计师用白色夕雾草做基底来映衬'阴阳'的独特双色，蝴蝶兰提升了整个搭配的档次。黑色质感的丝带缠绕花茎之后，即是一款十分特别的新娘手捧花，小巧而精致，个性十足。

辅助花材 *Adujunct flowers*
蝴蝶兰、夕雾草

叶材 *Other*
绣球叶

Design 093　美丽配角

各种各样的布块包裹住泡沫球而做成的花器,充满了童趣,明艳的色彩也是会很吸引孩子们的目光。用白色的多头菊'椰子'作为基础做成的半球呼应了花器的形状,并且大面积的白色统一了花器上的各种颜色,使其不会显得杂乱。而跳跃出来的嘉兰和黄金球更是为作品增加了趣味。

辅助花材 *Adajunct flowers*
嘉兰、黄金球

扑克牌

黑桃A蛋糕吗？No，我是一个花艺装饰品。嘻嘻！

菊花品种 / Salma（萨尔玛）

Design 095 萌动

山上取回的枯木被加工为花器,白绿色的搭配,带来一股清新的气息。

辅助花材 *Adjunct flowers*
木绣球、棕榈梗、多肉植物

菊花品种 / Etrusko White(伊特斯科白)

Design 096 女神

单头菊'梦龙'、多头菊'阴阳''歌德',三种白色的菊花,通过花艺师巧妙的设计,营造出了不一样的感觉。水晶玻璃花瓶、蕾丝丝带都营造出一种浪漫的感觉,无疑这是一款非常适合用于婚礼的设计。

菊花品种/Magnum(梦龙)

Design 097　雅乐

白色丁香花让高贵的味道表露无遗，下午茶聚会就选这个。

辅助花材 *Adjunct flowers*
白丁香、尾穗苋沙漠奶油

洁

白色系的古典设计桌花，多种白色花材的搭配。蝴蝶兰优雅地穿梭在雪白的菊花上。

辅助花材 *Adujunct flowers*
蝴蝶兰、蕨叶、桔叶

菊花品种 / Rossano White（罗丝安娜白）、Yin Yang（阴阳）

 圆舞曲

圣诞怎可无花环，你喜欢这款吗？

辅助花材 *Adjunct flowers*

须苞石竹、胡椒果、兰花气生根

菊花品种 / Himalaya（喜马拉雅）

哈利的圣诞

Design 100

水滴形的组合装饰也是这个圣诞节的特别创作。龙文兰的编制缠绕让作品有了悬空感。

辅助花材 *Adajunct flowers*

绣球、胡椒果

叶材 *Other*

龙文兰

Design 101 雪之光芒

磨砂处理的玻璃花瓶与菊花'白安娜'的搭配恰到好处，带有淡雅清香的报春花令作品增加了吸引力。

辅助花材 *Adjunct flowers*
郁金香、切花月季、迎春花

菊花品种 / Anastasia（白安娜）

Design 102 珠联璧合

白色大阿米芹纹的花器充满了浪漫的气息，菊花'洛卡'颜色干净透彻，须苞石竹填充了花材间的空隙，而小西瓜藤和春兰叶加强了作品的线条感，最后加入的绿色台湾藜连接了花材与花器，并让整个设计更加柔美。非常适合用于宴会或是一些小型聚餐活动中。

辅助花材 *Adjunct flowers*

须苞石竹、台湾藜

叶材 *Other*

小西瓜藤、春兰叶

Design 103 暗香浮动

枯木这个大自然的天然赠与价格，让这个设计成为独一无二的专属。

辅助花材 *Adjunct flowers*

兰花气生根、枯木

菊花品种 / Dudoc（多达）

Design 104-1 温暖的守候

白色的乒乓菊单一花材堆放在一起会感觉非常的可爱。白色的毛线针织覆盖住花器，给人以温暖的感觉，两者相结合，可以说非常适合冬天摆放在家中或是作为餐厅的餐桌花也是不错选择。

Design 104-1 主角

菊花品种 / Bonbon Pearl（奶白乒乓）

Design 105 秀色可餐

白色的单头菊布兰达搭配白色的洋桔梗和白色的蜡梅,用白色做加法会给人一种干净清澈的感觉。白色陶瓷花器上的雅致花纹更增加一份欧式典雅的气息,很适合摆放在餐厅或是家中的餐桌上。

辅助花材 Adjacent flowers

洋桔梗、澳洲蜡梅

叶材 Other

桉树叶、芙蓉果

菊花品种 / Gagarin Jan(加加林)

Design 106　挚爱

单头菊'谢克'花型大而圆润，绝对是设计中的焦点花材。设计师选用了星芹、女贞、丁香花、百子莲等细碎多头的花材来与之搭配，更加突出了'谢克'的优点，并且使作品充满了浪漫的感觉。黑色的花器提升了整个作品的质感，让这款设计无论是在高档宴会或是婚礼中都很出彩。

辅助花材 *Adujunct flowers*
白星芹、白丁香

叶材 *Other*
海桐叶

Design 107 韵

这款时尚的装饰是哪位模特遗留在这里的呢？菊花的排列与亮片保持一致，设计师的小心思。

菊花品种 / Magnum（梦龙）

| Design |
| 108 |

破茧

怎么看着像一个椰菜宝宝呢？No，那是羊毛毡粘贴的小心机。向日葵被摘下了花瓣用作配色搭配，黄金球才是黄色的主角。

辅助花材 *Adujunct flowers*

白色风铃花、黄金球、大阿米芹、向日葵

菊花品种 / Aristotle（亚里士多德）

Design 109 时空

菊花'阿米拉'被制作成一个半球形花束,百香果藤蔓的覆盖为作品增加了延伸感。

辅助花材 Adjunct flowers
红色垂穗苋、百香果花、百香果藤

叶材 Other
叶兰

菊花品种 / Amira(阿米拉)

浓情

多头菊科隆香水的花朵由白色、奶油色、绿色等，花艺师选择了白切花月季来搭配科隆香水花瓣的白色，选择尚未开放的百合的黄绿色来过渡奶油色和绿色，又选择了蕨类来呼应花芯的绿色，形成一个完美的色彩过渡。设计中所有花材都是自然向上的，更贴近自然界中的状态，可以为家中带来一丝自然的气息。

辅助花材 *Adjunct flowers*
百合、切花月季

叶材 *Other*
蕨类

Design 111 工作坊的桌面

　　花艺师的工具，怎能缺少了花儿的装饰。锤子和扳手造型的工具，被淘气的花艺师粘贴上了白色和橘色的迷你小菊。

菊花品种 / Yin Yang（阴阳）、Florange（桔星）

— Chapter 4 —

粉色

Pink

粉色是甜美、浪漫的颜色
粉色的花大多给人以温柔甜美的感觉
似乎是女性的专属色，娇柔可爱、温柔浪漫
浅粉色是浪漫、深粉色是成熟
粉色和白色搭配，更是将这一特点发挥至极
但粉色和灰色搭配，也可以高级时尚
粉色和咖啡色搭配，也可以成熟有魅力

Design 112　居家日常

所有的花材和叶材都带有一些灰度，色彩非常高级。藤编花篮，丰富的花材品种，很有一种花园随手采摘的感觉，自然不造作。无论是家居摆放或者婚礼宴会都可以选择这个设计，甚至真的可以在野外聚餐的时候带上这样一个设计来烘托气氛。

辅助花材 *Adjunct flowers*
海芋、鸡冠花、鲁丹鸟、百合、薰衣草

叶材 *Other*
带果桉树叶

菊花品种 / Lesia（莱娅公主）

Design 113 温柔停靠

混合设计半球形花束加入悬垂物文竹的效果。

辅助花材 *Adjunct flowers*
尤加利、柳叶尤加利、文竹

菊花品种 / Pip Pretty（皮普漂亮）

Design 114 **跳动**

菊花被同色系羊毛毡包裹茎干，这个装饰技巧很时尚。

菊花品种 / Baltazar Intense（巴尔塔萨热烈）

| Design |
| 115 | 撷翠

简单的方缸小桌花因为'星粉安娜'的特殊颜色而变得独特。同色系花材的选择，加上绿色的叶材，显得清晰自然。可以作为宴会或是商业活动的小桌花来摆放。

辅助花材 *Adjunct flowers*
多头切花月季、小苍兰

菊花品种 / Anastasia Star Pink（星粉安娜）

Design 116　下午茶

辅助花材 Adjunct flowers
火龙珠、洋桔梗、绿掌

叶材 Other
尤加利

菊花品种 / Belicia Pink（贝蕾丝粉）

Design
117

飘逸

半球形花束的又一表现，飘逸的熊猫竹。

辅助花材 *Adjunct flowers*
切花月季、木绣球、金鱼草

叶材 *Other*
熊猫竹

菊花品种 / Pinkyrock（粉妍）

Design 118 梳妆台

'斯特雷'和其他粉紫色的花材在颜色上形成粉色到紫色的渐变过渡。所有花材呈线性排列，整齐的排列方式，突显出花材的品质的特性。适用于家居摆放，调节空间环境。

辅助花材 *Adjunct flowers*
鼠尾、非洲菊、情人草

Design 119　玛丽之醉

同色系花材在组合花瓶的应用，适合时尚的空间装饰。

辅助花材 *Adjunct flowers*
大花蕙兰、切花月季

菊花品种 / Stellini（领英）

Design 120 粉红之爱

多头菊'粉提卡'作为主花材,从色彩上降低了红色鸡冠花和绿色唐棉间的对比关系。花瓣尖端透彻的淡粉色又和粉色透明的玻璃花器质感相得益彰,而看似杂乱的棕色藤条为作品增添了线条感。摆放在家中或是餐厅都是不错的选择。

辅助花材 *Adjunct flowers*
鸡冠花、唐棉

菊花品种 / Baltica Pink(粉提卡)

Design 121　蝶

小西瓜藤蔓在瓶口位置的缠绕，让两个色块有了过渡。万代兰的加入加强了这个效果并起到焦点的作用。

辅助花材 *Adajunct flowers*

万代兰、小西瓜藤

Design 122　团圆

粉色菊花和白粉相间的洋桔梗都体现出了柔美的气息,而粉色格子丝带和银色的文竹又使作品增加了梦幻的感觉。女性化的店铺或是女生的房间都很适合这个设计。

辅助花材 *Adjunct flowers*

洋桔梗

叶材 *Other*

文竹

菊花品种/Cupcake（纸杯蛋糕）

Design 123 桃花梦

粉色调调的手捧花加入了百香果藤蔓,粉色菊花'罗丝安娜'被粘贴在藤蔓上。

辅助花材 *Adjunct flowers*
铁线莲基博、羽衣草、百香果藤

菊花品种/ Pinkyrock(粉妍)、Rossano(罗丝安娜)

Design
124

天使之爱

底部设计是这个创作的重点。苔藓的使用代替了花泥这个不环保的材料。

叶材 *Other*

小天使叶、铁芒萁、苔藓

菊花品种 / Serenity（宁静）

Design 125 百分百

复古做旧的花器让整个作品很有一种欧式花园的感觉,细叶尤加利和多头菊'贝蕾丝'又增加了一份质朴的感觉,让设计作品和周围环境融合在一起。设计中所选择的花材花期相当,可以是家居摆设的一个好选择。

辅助花材 *Adjunct flowers*
穗花婆婆纳、重瓣郁金香

叶材 *Other*
文竹、尤加利叶

菊花品种 / Belicia Pink(贝蕾丝粉)

迷宫

简单的白色花器,但是花艺师巧妙的运用向日葵茎交错叠在一起,制造出立体的空间结构,而'皮普'菊花正好从向日葵茎的间隙中插入花器,辅助花材填充了空余的空间。整个作品层次清晰,创意十足,摆放在店铺或家中都可以很好提升整个空间的品味。

辅助花材 *Adjunct flowers*
向日葵茎

菊花品种 / Pip Salmon(皮普橙)

Design 127 粉红心情

'贝蕾丝'的花瓣呈渐变的粉色,越往里的粉色越深,和星芹的颜色相似;越往尖端越浅,和花器的灰白色呼应;灯台又拉伸了作品的层次。作品层次分明,显出了'贝蕾丝'的粉嫩,无论是小型宴会或是家居摆放都可以用到。

辅助花材 *Adjunct flowers*
星芹、灯台

菊花品种 / Belicia Pink(贝蕾丝粉)

Design 128　穿越

花器上的浅粉色大理石花纹和单头菊'罗丝安娜粉绿'的花瓣纹路相似，花艺师选择白色马蹄莲和春兰叶来增加作品的线条感，水晶花烛叶子上的花纹让整个作品更加精致。作品整体精致，设计感十足，适合装饰酒店、会所等商业空间。

辅助花材 *Adajunct flowers*
海芋、唐棉

叶材 *Other*
春兰叶、水晶花烛、铁线莲藤

菊花品种 / Rossano Charlotte（罗斯安娜粉绿）

Design 129 绒之质感

'伊特斯科'有着独特的花瓣纹理,人造皮草绒绒的质感正好与其相呼应,给人以温暖的感觉。小盼草起到了填充空间的作用,很是灵动。家居摆放或是用作宴会桌花都可以给人温暖的感觉。

辅助花材 *Adjunct flowers*
鸡冠花

叶材 *Other*
小盼草

调和

Design 130

铁艺的花架和灰白色的陶质花器给人以十足的复古感。玉兰枝的色彩和花器相呼应，打造出作品结构。'伊特斯科'以其独特的花瓣纹理作为主花材，为整个设计增添了色彩，并且柔化了帝王花、玉兰枝、铁艺花架的强硬质感。如果摆放在家中，可以是品位的体现。

辅助花材 *Adajunct flowers*
帝王花、六出花、玉兰

叶材 *Other*
小盼草、春兰叶

Design 131 石器时代

石纹的陶质花器搭配经典的花艺设计，满满的欧式典雅风格。切花月季、火龙珠、绯包草、紫罗兰等丰富的花材种类衬托出菊花劳伦花瓣上的细致纹路。经典的花艺设计可以广泛应用于生活中，婚礼宴会也同样适用。

辅助花材 *Adjunct flowers*

切花月季、绯包草、紫罗兰、火龙珠

叶材 *Other*

斑春兰叶

菊花品种 / Lorain（洛兰）

Design 132 爱之路引

椅背花也可以很轻盈,垂吊的小玻璃球解决了户外的花儿的水份供给。

叶材 Other
羽衣草

菊花品种／Carice（卡里切）、Rossano（罗丝安娜）

Design 133 画卷

一幅带有生命的画卷！

辅助花材 *Adjujunct flowers*

百合、红瑞木、冬青、尤加利带果实、小西瓜藤、雄黄兰果实

Design 134 唇膏

两支粉色系高级唇膏，很适合闺蜜互相分享，小菊花一朵朵地排列在唇膏造型的花泥上面。

菊花品种 / Pinkyrock（粉妍）

Design 135　油画布

浅粉色的切花月季加上'罗丝安娜粉绿'菊花，再加上浅粉色的落新妇，浪漫层层叠加的感觉。一个简单的绿色玻璃花器又呼应了罗丝安娜粉绿独特的双色特征。如此浪漫十足的设计，必定是放在婚礼设计中最佳。

辅助花材 *Adajunct flowers*

切花月季、落新妇

菊花品种 / Rosanno Charlotte（罗丝安娜粉绿）

皮普的魅力

Design 136

单头菊花桔色'皮普'自身颜色就非常丰富,花艺师从花瓣上提取颜色,然后选择了红珊瑚和橙黄色万代兰搭配。水泥质感的花器低调的衬托了花材的颜色。黄橙色作为有利于提升食欲的颜色,所以非常适合摆放在餐厅中,或是在宴会中适用。

辅助花材 *Adjunct flowers*
万代兰、红珊瑚、玉兰

叶材 *Other*
春兰叶

菊花品种 / Pip salmon(皮普橙)

Design 137　小天地

红色鸡冠花和绿色的木绣球形成强烈的色彩对比，但是设计师在这两种花材上方运用了大面积的'纸杯蛋糕'多头菊，从体量上掩盖了红绿色对比的强烈，反而让这两种花材更好的衬托出'纸杯蛋糕'的精致。适合较为个性的店铺陈列装饰。

辅助花材 *Adjunct flowers*

鸡冠花、木绣球

菊花品种 / Cupcake（纸杯蛋糕）

| Design 138 | 花和布的情谊

多头菊'宁静'最大的特点的是花瓣上会有独特的紫色条纹，花艺师因此选择了彩色编制的布料来包裹花器。绿色木绣球也呼应了花芯的黄绿色，最后用白色夕雾草来填补空间。布料包裹后的作品如果摆放在家中，可以让家里增添多一些温馨的气息。

辅助花材 *Adjunct flowers*
木绣球、夕雾草

Design 139 纪念日

三层鲜花蛋糕。

菊花品种 / Pinkyrock（粉妍）、Rossano(罗丝安娜）

Design 140　风华

辅助花材 *Adjunct flowers*
六出花、粉色落新妇、纤枝稷、小盼草、尤加利带果实

菊花品种 / Cupcake（纸杯蛋糕）

富饶

Design 141

单头菊'巴尔塔萨'的花瓣有着高级的灰粉色和绿色双色,花艺师选择了同为低色彩饱和度的奥斯汀切花月季和轮蜂菊来搭配,色调十分和谐,充满了高级感。整齐的块状分布让作品十分大气,非常适合餐厅或者宴会中使用。

辅助花材 *Adjunct flowers*
奥斯汀切花月季、轮蜂菊

叶材 *Other*
粉胡椒

菊花品种 / Baltazar(巴尔塔萨)

Design 142　步步高升

花艺师选择灰色的水泥花器来搭配灰粉色的'巴尔塔萨',满满的高级灰色调。花艺师又选用了非常梦幻的茴香花来营造作品气氛,用白色雀梅和浅粉色康乃馨来过渡整个作品的色彩。一款充满质感又带有田园气息的设计,可以用于婚礼宴会,又或者是带有田园风格的店铺。

辅助花材 *Adjunct flowers*

康乃馨、地榆、雀梅

叶材 *Other*

茴香

– Chapter 5 –

紫色

Purple

紫色包含了红色和蓝色
既有暖色调的紫红色,又有冷色调的青紫色
紫色是贵族的颜色,神秘高贵的代名词
紫色是染料中最难固色的颜色,因此高贵
浅紫色的花材,通常给人浪漫的感觉
深紫色的花材则会是神秘,个性的体现
与粉色搭配,温柔浪漫
与黑色搭配,神秘性感

Design 143 领英

辅助花材 *Adjacent flowers*
切花月季、大花葱、大花蕙兰、
寒丁子

　　多头菊'领英'的花瓣上有独特的漂亮纹路，花艺师用同色系的紫色切花月季和大花葱与之搭配，丰富了作品的质感。在与之群组出现的玫粉色玻璃瓶中用了玫粉色的寒丁子和大花蕙兰搭配。同样的颜色，但是搭配的花材不同，质感不同，丰富了整组设计的内容。花器的选择上也选择了透明的玻璃材质与不透明的经典欧式花器，不同质感的搭配。整组设计很适合在宴会中适用。

群英会

Design 144

多头菊'里斯本深'色彩鲜艳明亮,花艺师选择了同色系的深紫色康乃馨来衬托,加入了玫粉色的千日红来进行点缀。尤加利叶填充了花材间的空隙,而这种低饱和度的灰绿色让作品更加高级。无论是宴会中使用或是在家中摆放都是不错的选择。

辅助花材 *Adjunct flowers*
千日红、康乃馨

叶材 *Other*
桉树叶

菊花品种 / Lisboa Dark(里斯本深)

最是那低头的温柔

紫色多头菊'阿拉莫斯'花朵色彩丰富，花艺师选择与之有相同色彩的商陆来搭配，并用绿色的唐棉和绿绣球放在底部做映衬。商陆优美的枝条也为作品增加了线条的美感。很适合摆放在家中玄关处或是酒店的餐台。

辅助花材 *Adujunct flowers*
商陆、绣球、唐棉

Design 146 生命

异材质的使用是整个设计的特色,创意很独特。

辅助花材 *Adjunct flowers*
须苞石竹

菊花品种 / Baltazar Intense(巴尔塔萨浓情)、Barca Splendid(巴卡紫)

| Design 147 | 界线

多头菊'紫巴卡'花朵色彩饱和度很高，很纯粹的紫色。花艺师选择了用对比色设计来突出'紫巴卡'的特点，因此选用了叶上黄金来衬托，除了色彩的对比外，还增加了作品的通透感，产生了虚实对比。简单又巧妙的设计，很适合摆放在家中。

辅助花材 *Adjunct flowers*

绣球

叶材 *Other*

叶上黄金

Design 148 灵动

紫色菊花'紫巴卡'与蔷薇藤的舞动,瓶花设计的空间感不单单局限在瓶口。

辅助花材 / Adjunct flowers
蔷薇藤、小西瓜

叶材 / Other
蕨叶

菊花品种 / Barca Splendid（巴卡紫）

| Design |
| 149 |

红袖添香

经典的圆形瓶花设计，尤加利丰富了作品的质感。

叶材 *Other*

柳叶尤加利

旋

特别造型的枯木被固定在铁架上,玻璃酒杯被固定在架构上,菊花被安排放置在每一个酒杯内。一个款时尚又具有生活情怀的设计。

菊花品种 / Stresa Purple(斯特雷紫)

Design 151 正装

紫色多头菊'阿尔巴特'自身有着强烈的黄色和紫色这两种对比色，设计师选用了少量的绿色台湾藜和紫白双色的蝴蝶兰来衬托菊花本身的强烈对比。并巧妙的运用羊毛毡来衔接花器和花材间的空隙，十分有趣味。羊毛毡会带给人温暖的感觉，很适合摆放在家中。

辅助花材 *Adjunct flowers*
蝴蝶兰

叶材 *Other*
台湾藜

| Design 152 | 化蝶

花艺师选择了多种花材来和多头菊紫'银单丝'形成渐变色的效果,从马蹄莲的深紫过渡到嘉兰和切花月季的红色。藤蔓的盘绕又让作品添加了线条的韵律感。渐变的温暖颜色,很适合摆放在家中,或是放在商业店铺中。

辅助花材 *Adjunct flowers*
切花月季、海芋、嘉兰、绣球、火龙珠

叶材 *Other*
藤

菊花品种 / Intenze Purple（银单丝紫）

Design 153　不一样的烟火

花艺师选用多头菊'领英'的主色调紫色为整个作品的基调,搭配了柳枝稷、深紫色马蹄莲和蓝紫色的复色绣球来搭配。叶材方面,选择了与领英花瓣纹路近似的散尾叶加入到作品中。这款设计适用于带有经典欧式风格的环境中。

辅助花材 *Adjunct flowers*

马蹄莲、绣球

叶材 *Other*

叶兰、散尾叶、柳枝稷

Design 154 五月芳菲

密闭的半球形设计使用了大量花材作为填充物，整个作品的保湿性有很好的加强。颜色由深到浅的过渡凸显了花艺师的功底。

辅助花材 *Adujunct flowers*
切花月季、蜡花、尤加利带果实

菊花品种 / Barca Splendid（巴卡紫）

– Chapter 6 –

红色
Red

红色是三原色之一
能与黄色、蓝色调出任意色彩,其对比色是绿色
红色属于暖色系
常常代表夏天和秋天的色彩
也代表火热、温暖、喜庆、欲望、积极
同时也是一种警告色,预示着危险
和黑色是经典的搭配
和橙色搭配,显得温暖阳光
和蓝绿色搭配,则醒目而明朗

Design 155 烛光

辅助花材 *Adjunct flowers*
秋色绣球

Design 156 荣誉

学术的荣誉,酒红色系的菊花被粘贴在学士帽造型表面,毕业季最好的礼物。

菊花品种 / Barca red(巴卡红)

圣诞树
Design 157

这款红色系圣诞树设计是本年度圣诞节最时尚的设计,时尚又耐看。

辅助花材 Adjunct flowers

文竹

菊花品种 / Barca red(巴卡红)

Design 158 丰盛

圣诞聚会玄关位置可以选用此设计,典雅时尚。

辅助花材 *Adjunct flowers*
班克木、朱顶红、秋色绣球

叶材 *Other*
尤加利带果实

菊花品种 / Barca red(巴卡红)

火焰的跃升燃动

辅助花材 *Adjunct flowers*
赫蕉、粉色十字花、红色茵芋

叶材 *Other*
桉树叶、文竹

菊花品种 / Pimento（普利民特）

 满载

组群式设计，红色系演示，红色菊花'普利民特'是此作品最大的色块，蟠桃红掌是红绿色过渡的一个代表。互补色最经典的表现。

辅助花材 *Adjunct flowers*

朱顶红、红掌蟠桃、红色茴子

叶材 *Other*

叶兰、龟背叶

Design 161 海滩风光

菊花还可以和多肉小植物同盘展示。

辅助花材 *Adjunct flowers*
多肉植物

菊花品种 / Haiku（海枯）

Design 162　包容

辅助花材 Adjunct flowers
兰花气生根、嘉兰、红掌

菊花品种 / Managua（马拉瓜）

Design 163 火热

红色系组群设计桌花,加入了干树叶这个秋冬的素材。

辅助花材 *Adjunct flowers*
木百合

叶材 *Other*
天门冬、龟背叶

富丽

辅助花材 *Adjunct flowers*
红色蕾丝、胡椒果、纤枝稷

菊花品种 / Moretti（莫奈）

 加德利亚红

一盘美味的菊花,既可整个使用,也可分拆成为单独的小茶几花。餐厅最好的方案。

辅助花材 *Adjunct flowers*

红色嘉兰、红色袋鼠爪

叶材 *Other*

雪柳叶

火红的岁月

火红的瓶花设计,见证火红的青春岁月。

辅助花材 *Adujunct flowers*
火焰兰、大丽花、木百合

叶材 *Other*
八角金盘、小熊草

菊花品种 / Desire(愿望)

Design 167

交错

辅助花材 *Adjunct flowers*
洋桔梗、唐棉、虞美人果实、兰花气根

兰花气生根为设计加添了质感。

菊花品种 / Managua（马拉瓜）

Design 168 兜兜转转

'瓦雷泽'并不是那种鲜亮的桔色,而是一种有质感的复古桔色,蝴蝶兰气生根的颜色也是一种做旧感的灰白色;而蝴蝶兰气生根的粗糙感更加衬托出橙色的力量感。看似粗糙随意的质感,却是巧妙的设计,很适合同样有设计感的空间摆放。

辅助花材 *Adjunct flowers*
水晶草

叶材 *Other*
兰花气生根

Design 169　承载

兜兰这个稀奇的花材被运用在这款盆花设计内，一款适合中国新年的设计。

辅助花材 *Adjunct flowers*
兜兰、银莲花、袋鼠爪、康乃馨

| Design |
| 170 | 纽带

毛线在铝线的绷入后增加了力量，成为了这款瓶花的装饰物。

辅助花材 *Adjunct flowers*
须苞石竹、粉黛草

菊花品种 / Barca Red（巴卡红）

花艺目客

会员专享服务

成为《花艺目客》vip 会员，专享以下福利

会员图书专享

1. 获赠最新《花艺目客》全年系列书 1 套（4 本 +2 本主题专辑）价值 348 元；
2. 2018 版全年《花艺目客》会员 5 折专享 折扣价值为 174 元
3. 会员价订购 258 元欧洲顶级花艺杂志《FLEUR CREATIF》（创意花艺）全年 6 本，原价 348 元。折扣价值 90 元。

《花艺目客》会员群分享

加入《花艺目客》会员群，不定期邀请嘉宾进行分享和微课教学。资材、花材新产品的试用

优先宣传

《花艺目客》《小米画报》优先宣传，入选作品在小米的手机、智能电视、智能盒子、笔记本电脑等终端，自动显示超清晰、高品质的锁屏壁纸。其日点击量 500 万。

国内外花艺游学

会员价
398 元

扫码成为会员

欢迎光临花园时光系列书店

中国林业出版社天猫旗舰店

花园时光微店

扫描二维码了解更多花园时光系列图书

购书电话：010-83143571

FLEUR CRÉATIF
创意花艺

扫码购买

20 年专业欧洲花艺杂志
欧洲发行量最大，引领欧洲花艺潮流
顶尖级**花艺大咖齐聚**
研究欧美的**插花设计趋势**
呈现不容错过的精彩花艺教学内容

6 本 / 套 | 2019 | 原版英文价格 620 元 / 套
中文版价格 348 元 / 套